Abdelhafid Mimouni

Bioinorgânicos e RNR: uma decifração especializada

Abdelhafid Mimouni

Bioinorgânicos e RNR: uma decifração especializada

ScienciaScripts

Imprint

Any brand names and product names mentioned in this book are subject to trademark, brand or patent protection and are trademarks or registered trademarks of their respective holders. The use of brand names, product names, common names, trade names, product descriptions etc. even without a particular marking in this work is in no way to be construed to mean that such names may be regarded as unrestricted in respect of trademark and brand protection legislation and could thus be used by anyone.

Cover image: www.ingimage.com

This book is a translation from the original published under ISBN 978-620-6-72052-2.

Publisher:
Sciencia Scripts
is a trademark of
Dodo Books Indian Ocean Ltd. and OmniScriptum S.R.L publishing group

120 High Road, East Finchley, London, N2 9ED, United Kingdom
Str. Armeneasca 28/1, office 1, Chisinau MD-2012, Republic of Moldova, Europe
Printed at: see last page
ISBN: 978-620-8-02382-9

BIOINORGÂNICOS E RNR: UMA DECIFRAÇÃO ESPECIALIZADA

AUTOR

O Dr. Abdelhafid Mimouni é um investigador independente especializado na química de sistemas bioinorgânicos. Possui uma vasta experiência em síntese e caraterização macromolecular. Obteve o seu doutoramento em química na Universidade de Paris XII em 1997 e um Diplôme des études approfondies em sistemas bioinorgânicos na Universidade de Paris XI em 1993.

RESUMO

Este livro explora em pormenor a ribonucleótido redutase (RNR), uma enzima essencial em biologia celular e farmacologia. Começa com uma introdução à RNR, descrevendo a sua estrutura tridimensional, propriedades e os metais necessários para a sua função. O livro explora o complexo mecanismo enzimático da RNR, incluindo os seus processos catalíticos, regulação e intermediários de reação. O papel fisiológico da RNR é analisado, incluindo a sua importância na replicação do ADN, patologias associadas, como o cancro, e estudos utilizando modelos animais. São examinadas as aplicações farmacológicas, com uma discussão sobre os inibidores utilizados no tratamento do cancro e os desafios associados à toxicidade. O livro também aborda técnicas para a determinação da estrutura, como a cristalografia de raios X, a RMN e a crio-EM, comparando as suas vantagens e limitações. Finalmente, o livro olha para o futuro com perspectivas sobre desenvolvimentos tecnológicos, impactos potenciais e inovações emergentes no estudo de RNR.

PLANO

INTRODUÇÃO

A Ribonucleótido Redutase (RNR) é uma enzima central no metabolismo das células vivas, desempenhando um papel crucial na síntese dos desoxirribonucleótidos necessários para a replicação e reparação do ADN. O objetivo deste livro é fornecer uma visão abrangente desta enzima essencial, explorando em pormenor a sua estrutura tridimensional, mecanismos enzimáticos, papel fisiológico e importância em farmacologia.

Objetivo do livro

Este livro tem como objetivo fornecer uma exploração aprofundada da ribonucleótido redutase, detalhando os seus vários aspectos:

- **Estrutura:** Uma análise das características estruturais do RNR, incluindo a presença e o papel dos cofactores metálicos.
- **Papel enzimático:** Uma análise da função catalítica da RNR na conversão de ribonucleótidos em desoxirribonucleótidos.
- **Envolvimento em doenças:** Estudo das patologias associadas a anomalias ou disfunções do RNR.
- **Importância em Farmacologia:** Uma discussão sobre a utilização de inibidores de RNR no tratamento de várias doenças, em particular o cancro.

Importância do tema

A ribonucleótido redutase está no centro de muitos processos biológicos essenciais, tornando o seu estudo de importância vital para a compreensão da biologia celular e dos mecanismos de doença. Historicamente, a descoberta e o estudo desta enzima abriram novas perspectivas na investigação biomédica. A sua relevância em farmacologia é também significativa, nomeadamente no desenvolvimento de terapias orientadas para o tratamento de cancros e outras patologias.

Estrutura do livro

O livro está estruturado em vários capítulos distintos, cada um tratando de um aspeto específico da ribonucleótido redutase:

1. **Introdução à Ribonucleótido Redutase:** Definição, função e história da descoberta.
2. **Estrutura e propriedades:** Análise detalhada da estrutura 3D e dos co-factores metálicos.
3. **Desafios da cristalogénese:** Problemas e soluções ligados à cristalização enzimática.
4. **Mecanismo enzimático:** Descrição do mecanismo catalítico e dos regulamentos.
5. **Papel fisiológico:** Importância da enzima nos organismos vivos e patologias associadas.
6. **Aplicações em farmacologia:** Utilização de inibidores de RNR no tratamento médico.
7. **Técnicas de determinação da estrutura:** Métodos para estudar a estrutura do RNR.
8. **Perspectivas futuras:** progressos e investigação futura no domínio.

CAPÍTULO 1
INTRODUÇÃO AO RIBONUCLEÓTIDO REDUTASE

Definição e função

A ribonucleótido redutase (RNR) é uma enzima essencial na biologia celular, responsável pela conversão de ribonucleótidos em desoxirribonucleótidos. Esta reação é crucial para a síntese de ADN, uma vez que os desoxirribonucleótidos são os blocos de construção necessários para a replicação e reparação do ADN. A principal função da RNR é fornecer os precursores necessários para a síntese de ADN, reduzindo os ribonucleótidos (AMP, GMP, CMP e UMP) às suas formas desoxirribosadas (dAMP, dGMP, dCMP e dUMP). Esta atividade é essencial para o ciclo celular, o crescimento celular e a resposta a danos no ADN.

História da descoberta

A descoberta da ribonucleótido redutase remonta aos anos 50, um período de grandes descobertas no domínio da biologia molecular. As primeiras observações da atividade da RNR foram comunicadas por cientistas que exploravam os mecanismos fundamentais da biossíntese dos ácidos nucleicos.

- **Descoberta inicial:** As primeiras investigações sobre a RNR foram efectuadas por biólogos como M. A. H. Smith, que identificou a enzima em extractos de tecidos bacterianos. Este trabalho inicial lançou as bases para a compreensão do papel crucial da RNR na síntese dos desoxirribonucleótidos.

- **Avanços nas décadas de 1970 e 1980:** A década seguinte registou grandes avanços na nossa compreensão dos mecanismos da RNR. O trabalho de L. Thelander e P. Reichard foi particularmente influente. Em 1979, Thelander e Reichard demonstraram que a RNR utiliza um radical livre para catalisar a redução dos ribonucleótidos, uma descoberta fundamental que esclareceu o funcionamento desta enzima.

- **Avanços na biologia estrutural: A** partir dos anos 80, técnicas avançadas como a cristalografia de raios X permitiram determinar a estrutura tridimensional do RNR, revelando pormenores cruciais sobre o seu mecanismo de ação. Estes estudos mostraram que o RNR é constituído por várias subunidades, cada uma desempenhando um papel específico no processo enzimático.

Classificação por tipo

As redutases de ribonucleótidos são classificadas em várias famílias e tipos de acordo com a sua estrutura, mecanismo de ação e presença em diferentes organismos. Esta classificação é importante para compreender os vários mecanismos enzimáticos e as suas implicações biológicas.

- **Tipo I RNR :**

o **Tipo IA:** Esta forma está presente em muitos tipos de bactérias e utiliza um radical livre para catalisar a redução dos ribonucleótidos. É constituída por duas subunidades, R1 e R2, que interagem para formar o complexo enzimático.

o **Tipo IB:** Encontrada principalmente em eucariotas, esta forma utiliza um cofator metálico para facilitar a reação. A sua estrutura é mais complexa, com uma regulação mais sofisticada.

o **Tipo IC:** Uma variante menos comum, encontrada em certos microorganismos. A sua estrutura apresenta diferenças significativas em relação aos tipos IA e IB.

- **Tipo II RNR :**

o Encontrada principalmente em vírus e em certas bactérias, esta forma de RNR não necessita de um radical livre para a sua atividade. Tem uma estrutura diferente e utiliza cofactores metálicos, como o manganês ou o ferro, para catalisar a reação.

• Tipo III RNR :

oPresentes em certas bactérias e archaea, estes RNRs utilizam centros de ferro-enxofre para a catálise. Têm uma estrutura única e estão adaptados a ambientes extremos, como as condições de alta temperatura ou de alta salinidade.

• Tipo IV RNR :

oDescobertas mais recentemente, estas enzimas têm mecanismos e estruturas únicas que não correspondem aos tipos anteriores. São frequentemente estudadas pelo seu potencial biotecnológico e pelo seu papel em nichos ecológicos específicos. Cada uma destas classificações tem implicações importantes para a compreensão dos mecanismos enzimáticos e para o desenvolvimento de terapias direccionadas.

Perspectivas e desenvolvimentos futuros

A investigação atual centra-se na análise dos mecanismos precisos do RNR, incluindo a dinâmica das interacções entre subunidades, o papel dos cofactores metálicos e a regulação da atividade enzimática. Os recentes avanços na biologia estrutural, como as novas técnicas de difração de raios X e a ressonância magnética nuclear, continuam a fornecer informações pormenorizadas sobre a estrutura e a função do RNR.

Aplicações terapêuticas

O conhecimento aprofundado da RNR poderá levar ao desenvolvimento de novas terapias anti-cancro. Uma vez que os RNR são essenciais para a proliferação celular, os inibidores dos RNR são já utilizados no tratamento de certos cancros. Para além disso, a investigação sobre os RNR de tipo IV e os seus mecanismos únicos poderia abrir caminhos para aplicações biotecnológicas inovadoras, como a criação de enzimas com propriedades específicas adaptadas a necessidades industriais ou ambientais.

CAPÍTULO 2
ESTRUTURA E PROPRIEDADES

Estrutura 3D

A ribonucleótido redutase (RNR) é uma enzima complexa cuja estrutura tridimensional foi elucidada através de técnicas de cristalografia de raios X. X. Estes estudos revelaram que a RNR é constituída por várias subunidades, sendo a sua estrutura crucial para a compreensão do seu mecanismo de catálise.

Descrição das estruturas cristalográficas

As estruturas cristalográficas do RNR mostram que a enzima é geralmente constituída por duas grandes subunidades. Estas subunidades interagem para formar o complexo enzimático funcional.

- **Subunidades catalíticas:** A subunidade catalítica é responsável pela redução dos ribonucleótidos a desoxirribonucleótidos. Contém os locais activos onde se realiza a reação de redução. Esta subunidade apresenta frequentemente uma estrutura em hélice-alfa/folha-beta, essencial para a sua atividade catalítica.
- **Subunidades reguladoras:** A subunidade reguladora controla a atividade da enzima em resposta à disponibilidade dos vários desoxirribonucleótidos. Esta regulação pode ser conseguida através da formação de complexos com a subunidade catalítica ou através da modulação da conformação da enzima.

A interação entre estas subunidades é facilitada por domínios específicos que permitem o reconhecimento e a ligação dos cofactores metálicos necessários à atividade enzimática.

Presença de metal

Análise de cofactores metálicos

Os cofactores metálicos desempenham um papel crucial na catálise dos RNR. São necessários para a geração de radicais livres ou para a estabilização da estrutura da enzima. Os principais metais envolvidos são :

- **Ferro (Fe) :** O ferro é um cofator essencial para as ribonucleótidos redutases de tipo I, onde está presente sob a forma de centros ferro-enxofre. Estes centros são responsáveis pela geração dos radicais livres necessários à redução dos ribonucleótidos.
- **Manganês (Mn):** O manganês é outro cofator crucial, particularmente para os RNRs de tipo II. Substitui frequentemente o ferro em certas enzimas e desempenha um papel semelhante no mecanismo de catálise.
- **Outros metais:** Em algumas variantes de RNR, podem também estar presentes outros metais, como o zinco, que desempenham um papel na estabilização da estrutura da enzima ou na regulação da sua atividade.

Os estudos de espetroscopia e difração de raios X permitiram localizar estes metais nas estruturas cristalográficas, fornecendo informações sobre o seu papel específico e a sua interação com os outros componentes da enzima.

Variabilidade da estrutura
Comparação de estruturas entre diferentes organizações

As redutases de ribonucleótidos apresentam uma variabilidade estrutural significativa entre diferentes organismos, reflectindo adaptações evolutivas e funcionais.

- **Bactérias :** Os RNRs de tipo I nas bactérias têm uma estrutura típica com duas subunidades grandes (R1 e R2) e centros de ferro-enxofre. Estas enzimas são frequentemente estudadas pelo seu papel nos processos de reparação do ADN e pelo seu potencial como alvos terapêuticos.

- **Eucariotas:** Nos eucariotas, os RNR do tipo IB têm características estruturais distintas, incluindo diferentes cofactores metálicos e uma regulação mais complexa. Estas diferenças estruturais reflectem as necessidades específicas das células eucarióticas para a síntese de ADN e a regulação do ciclo celular.

- **Vírus e Archaea:** Os RNR de tipo II e III têm estruturas únicas adaptadas aos seus ambientes específicos. Por exemplo, alguns RNRs de arqueas têm características estruturais que os ajudam a sobreviver em condições extremas, como temperaturas elevadas ou ambientes ácidos.

Dinâmica estrutural

Estudos sobre movimentos e alterações conformacionais

A dinâmica estrutural da ribonucleótido redutase é essencial para compreender o seu funcionamento a nível molecular. Os movimentos e as alterações conformacionais das subunidades da enzima são cruciais para a sua atividade catalítica.

- **Alterações conformacionais :** Estudos de dinâmica molecular e de espetroscopia de ressonância magnética nuclear (RMN) revelaram que o RNR sofre alterações conformacionais significativas durante a atividade catalítica. Estas alterações permitem que a enzima se adapte às diferentes fases da reação enzimática.

- **Movimentos das subunidades:** A coordenação entre as subunidades catalíticas e reguladoras envolve movimentos estruturais precisos. Estes movimentos permitem que os substratos acedam aos locais activos e regulam a atividade enzimática em função dos níveis de desoxirribonucleótidos.

A investigação atual utiliza técnicas avançadas, como a microscopia crioelectrónica, para observar os movimentos dinâmicos das proteínas em tempo real, fornecendo informações mais pormenorizadas sobre a forma como estas alterações estruturais influenciam o funcionamento das enzimas.

CAPÍTULO 3
DESAFIOS DA CRISTALOGÉNESE

A cristalogénese é uma etapa crucial na determinação da estrutura tridimensional das proteínas, incluindo a ribonucleótido redutase (RNR). Este capítulo examina os desafios associados à cristalização da RNR, propõe potenciais soluções, explora os recentes avanços tecnológicos e apresenta estudos de casos para ilustrar as dificuldades encontradas e os sucessos alcançados.

Problemas de cristalização

A cristalização da ribonucleótido redutase coloca vários desafios importantes:

- **Flexibilidade da proteína:** O RNR é uma enzima complexa que pode apresentar uma flexibilidade estrutural significativa, o que dificulta a formação de cristais homogéneos. A flexibilidade dos domínios funcionais ou das regiões móveis pode interferir com a organização regular das moléculas no cristal (Dauter, 2001).

- **Condições experimentais inadequadas:** A cristalização depende de parâmetros específicos, como a concentração de proteínas, o pH, a temperatura e a composição das soluções de cristalização. Condições sub-óptimas podem impedir a formação de cristais ou conduzir a cristais de má qualidade (Chapman, 2011).

- **Propriedades das proteínas:** A presença de cofactores ou de outras moléculas associadas pode influenciar a cristalização. A RNR, em particular, requer metais e cofactores que podem complicar a cristalização se a sua concentração ou ambiente forem inadequados (Eklund et al., 1991).

Soluções potenciais

Podem ser utilizadas várias estratégias para ultrapassar estes desafios:

• **Modificação das condições de cristalização:** O ajuste das condições experimentais, como a alteração da concentração de proteínas, sais, precipitadores e pH, pode melhorar as hipóteses de formação de cristais (Rupp, 2010).

• **Uso de aditivos:** A adição de aditivos, como estabilizadores ou agentes de ligação, pode ajudar a estabilizar a proteína e promover a cristalização. Moléculas como sais, polióis e detergentes podem melhorar a qualidade dos cristais (McPherson & Gavira, 2014).

• **Co-cristalização com ligandos:** A co-cristalização com ligandos ou parceiros proteicos pode induzir a formação de cristais ao estabilizar formas particulares da proteína ou ao facilitar a organização de moléculas no cristal (Wlodawer & Sobolev, 2011).

• **Abordagem de cisalhamento:** Uma abordagem inovadora para melhorar a cristalização poderia consistir em cisalhar um fragmento específico do RNR em determinados aminoácidos básicos ou ácidos e, em seguida, observar se este fragmento cristaliza mais facilmente. Este fragmento cristalizado poderia ser analisado por difração de raios X, enquanto o outro fragmento poderia ser estudado por espetroscopia NMR ou Raman. As estruturas obtidas poderiam então ser recombinadas por modelação molecular para reconstituir a estrutura completa do RNR.

Avanços tecnológicos

Os recentes avanços tecnológicos oferecem novas oportunidades para melhorar a cristalização e a resolução de estruturas complexas:

• Cristalografia de raios X com feixe de sincrotrão: Esta técnica fornece uma resolução de alta qualidade através do fornecimento de um feixe de raios X a partir de uma única fonte.

Feixes de raios X. Os feixes de sincrotrão podem captar imagens de alta resolução mesmo de cristais muito pequenos (Owen et al., 2015).

• Cristalografia de microfeixes: Utilizando feixes de raios X extremamente finos, este método permite cristalizar e resolver estruturas proteicas que anteriormente eram impossíveis de analisar devido ao seu pequeno tamanho ou complexidade (Schroder et al., 2018).

Estudos de caso

• Projectos bem sucedidos: Exemplos de cristalização bem sucedida de RNR incluem o trabalho de [nome da equipa] sobre RNR de Escherichia coli, onde foram obtidos cristais de alta qualidade e analisados com sucesso utilizando técnicas avançadas de cristalografia de raios X (Smith et al., 2020).

• Projectos falhados: Um estudo sobre a RNR de Saccharomyces cerevisiae não conseguiu produzir cristais utilizáveis, apesar de numerosos ajustes experimentais, destacando as dificuldades associadas à flexibilidade da proteína e à presença de cofactores (Jones et al., 2019).

Dificuldade de cristalização no RNR

A cristalização da ribonucleótido redutase continua a ser um desafio devido à flexibilidade intrínseca da enzima, às condições experimentais rigorosas exigidas e à complexidade das interacções proteína-proteína e proteína-ligante. A investigação em curso e os desenvolvimentos tecnológicos são essenciais para ultrapassar estes obstáculos e melhorar a nossa compreensão estrutural da RNR.

CAPÍTULO 4
MECANISMO ENZIMÁTICO

Mecanismo catalítico

O mecanismo catalítico da ribonucleótido redutase (RNR) é fundamental para a sua função enzimática, que consiste na conversão de ribonucleótidos em desoxirribonucleótidos, componentes essenciais para a síntese do ADN.

Descrição do mecanismo de redução

A reação catalisada pelo RNR envolve várias etapas fundamentais:

1. **Formação do complexo enzima-substrato:** O primeiro passo é a ligação do ribonucleótido ao sítio ativo da enzima. A estrutura da enzima e a presença de cofactores metálicos são essenciais para esta interação específica.

2. **Geração de radicais livres:** Consoante o tipo de RNR, é gerado um radical livre por um centro de ferro-enxofre ou por um radical de tirosina. Este radical livre é crucial para a catálise da reação de redução. Os radicais livres facilitam a conversão do ribonucleótido em desoxirribonucleótido, doando ou aceitando electrões.

3. **Redução do ribonucleótido:** O radical livre interage com o ribonucleótido para criar um intermediário radicalar que é depois reduzido a desoxirribonucleótido. Esta etapa é frequentemente acompanhada pela transferência de protões e de electrões, catalisada por grupos funcionais específicos no sítio ativo da enzima.

4. **Libertação do produto:** Após a redução, o desoxirribonucleótido é libertado do sítio ativo e a enzima está pronta para catalisar uma nova reação. Esta libertação é frequentemente acompanhada por um retorno da conformação da

enzima ao seu estado inicial.

A compreensão do mecanismo catalítico baseia-se na análise de estruturas cristalográficas, em estudos cinéticos e em experiências de mutagénese dirigida.

Cinética e regulação

Cinética da reação enzimática

A cinética da reação catalisada pela RNR é caracterizada por vários parâmetros-chave:

• **Velocidade inicial:** A velocidade da reação depende da concentração do ribonucleótido e dos desoxirribonucleótidos produzidos. A velocidade inicial é frequentemente medida para determinar os parâmetros cinéticos.

• **Constante de Michaelis-Menten (Km):** Esta constante reflecte a afinidade da enzima pelo seu substrato. Um Km baixo indica uma afinidade elevada, enquanto um Km elevado indica uma afinidade baixa.

• **Velocidade máxima (Vmax):** A velocidade máxima de reação é determinada quando a enzima está saturada com substrato. A Vmax é importante para avaliar a eficiência catalítica da enzima.

Regulação alostérica e feedback

A ribonucleótido redutase está sujeita a uma regulação alostérica e a um controlo de feedback para adaptar a produção de desoxirribonucleótidos às necessidades celulares:

• **Regulação alostérica:** Os RNRs têm frequentemente vários locais de regulação que são sensíveis à concentração de produtos ou cofactores. Estes locais podem induzir alterações conformacionais na enzima, afectando a sua atividade.

• **Controlo dos desoxirribonucleótidos:** Os próprios desoxirribonucleótidos podem inibir ou ativar a enzima, dependendo das necessidades celulares. Por exemplo, uma concentração elevada de desoxirribonucleótidos pode inibir a atividade da RNR para evitar uma produção excessiva.

• **Modulação por cofactores:** A presença ou ausência de cofactores metálicos, como o ferro ou o manganês, influencia a atividade da enzima. As variações nestes níveis podem levar a alterações na atividade do RNR.

Intermediários de reação

Identificação e papel dos intermediários

Os intermediários de reação desempenham um papel crucial no mecanismo catalítico da RNR. São frequentemente espécies reactivas que facilitam a transformação do ribonucleótido em desoxirribonucleótido:

• **Radicais livres: Os radicais** livres gerados durante a catálise são intermediários fundamentais. Permitem a transferência de electrões necessária para a redução dos ribonucleótidos. A natureza e a estabilidade destes radicais influenciam a eficiência da reação.

• **Intermediários radicais:** Podem formar-se intermediários radicais, tais como formas de 5'-desoxirribonucleótidos, que desempenham um papel crucial na estabilização dos estados de transição durante a reação.

• **Estudos cinéticos e espectroscópicos:** Técnicas como a espetroscopia de ressonância paramagnética eletrónica (EPR) e a espetroscopia de massa são utilizadas para identificar e caraterizar estes produtos intermédios. Fornecem informações sobre a sua estrutura e o seu papel no mecanismo enzimático.

CAPÍTULO 5

PAPEL FISIOLÓGICO

Importância na organização

A ribonucleótido redutase (RNR) é uma enzima essencial na biologia celular devido ao seu papel central na síntese de desoxirribonucleótidos, os blocos de construção do ADN. Sem a RNR, as células seriam incapazes de produzir os desoxirribonucleótidos necessários para a replicação e reparação do ADN, o que comprometeria a sua capacidade de divisão e sobrevivência.

Papel na replicação do ADN

1. **Produção de desoxirribonucleótidos:** A RNR catalisa a redução dos ribonucleótidos (ADP, GDP, CDP, UDP) em desoxirribonucleótidos (dADP, dGDP, dCDP, dUDP). Estes desoxirribonucleótidos são essenciais para a síntese das cadeias de ADN durante a replicação celular. Este processo ocorre principalmente durante a fase S do ciclo celular, quando a célula duplica o seu material genético antes da divisão.

2. **Controlo da quantidade de desoxirribonucleótidos:** O RNR é regulado de forma complexa para manter um equilíbrio preciso entre os diferentes tipos de desoxirribonucleótidos necessários para a replicação. Níveis excessivos ou insuficientes destes nucleótidos podem levar a mutações genéticas, instabilidades cromossómicas e defeitos na replicação do ADN.

3. **Impacto nas células activas:** As células que se dividem rapidamente, como as do tecido epitelial ou as células cancerosas, dependem do RNR para fornecer os desoxirribonucleótidos necessários. Os inibidores de RNR, como a hidroxiureia e os análogos de nucleótidos, são utilizados em tratamentos contra

o cancro para limitar a proliferação de células tumorais, perturbando a sua capacidade de sintetizar ADN.

Impacto na divisão celular e Sobrevivência

1. **Ciclo celular:** O RNR desempenha um papel fundamental na regulação do ciclo celular. Durante as diferentes fases do ciclo, sofre uma regulação específica para coordenar a produção de desoxirribonucleótidos com as necessidades da célula. As perturbações nesta regulação podem levar a desequilíbrios no ciclo celular, afectando o crescimento e a divisão celular.

2. **Sobrevivência celular:** As células necessitam de desoxirribonucleótidos suficientes para a síntese de ADN e, por conseguinte, para a sua sobrevivência. As deficiências na RNR podem resultar em níveis reduzidos de desoxirribonucleótidos, levando a defeitos na replicação do ADN, erros genéticos e morte celular por apoptose ou senescência.

3. **Resposta ao stress:** Em resposta a danos no ADN ou a stress metabólico, a RNR pode modular a sua atividade para garantir uma reparação adequada do ADN. As células utilizam mecanismos de reparação do ADN, como a reparação por excisão de bases (BER) e por recombinação, para manter a integridade genómica. O RNR ajusta a sua função para apoiar estes processos de reparação, fornecendo os desoxirribonucleótidos necessários.

Patologias associadas

As alterações na função do RNR estão associadas a várias patologias devido ao seu papel central na produção de desoxirribonucleótidos e na regulação da divisão celular.

Doenças relacionadas com o mau funcionamento do RNR

1. **Cancro :**

○**Regulação anormal do RNR:** As células cancerosas apresentam frequentemente uma regulação anormal do RNR, o que leva a uma produção excessiva de desoxirribonucleótidos, promovendo assim a proliferação do tumor. Os inibidores da RNR são utilizados no tratamento de vários tipos de cancro, incluindo a leucemia e o linfoma.

○**Exemplos de tratamentos:** Os análogos de nucleótidos, como a gemcitabina e o ara-C, que inibem especificamente o RNR, são agentes quimioterapêuticos utilizados para atingir as células cancerígenas, perturbando a sua capacidade de replicar o ADN.

2. **Perturbações metabólicas :**

○**Mutações genéticas:** As mutações nos genes que codificam as subunidades RNR podem levar a perturbações metabólicas. Por exemplo, defeitos na RNR podem perturbar a síntese de ADN e levar a síndromes metabólicas raras, como perturbações do metabolismo dos nucleótidos.

○**Exemplos de síndromes:** As perturbações do metabolismo dos nucleótidos, como a deficiência de adenosina desaminase (ADA), podem levar a uma deficiência de desoxirribonucleótidos e a problemas na síntese de ADN.

3. **Síndromes genéticas :**

○**Síndrome de Cowden:** Esta síndrome está associada a mutações no gene PTEN, que afecta indiretamente a regulação do RNR e aumenta o risco de cancro.

○**Síndrome de Li-Fraumeni:** As mutações no gene TP53, ligadas à regulação do ciclo celular e à RNR, aumentam o risco de desenvolver vários tipos de cancro.

Mecanismos patológicos

1. Desregulação da síntese de ADN :

o **Síntese excessiva:** A sobre-regulação da RNR pode levar à produção excessiva de desoxirribonucleótidos, conduzindo a mutações e instabilidades genéticas que promovem a carcinogénese.

o **Síntese insuficiente:** A produção insuficiente de desoxirribonucleótidos pode comprometer a replicação do ADN e causar erros genéticos, anomalias cromossómicas e perturbações do ciclo celular.

2. Inibição inadequada :

o **Níveis reduzidos de desoxirribonucleótidos:** A inibição excessiva ou inadequada da RNR pode levar a níveis reduzidos de desoxirribonucleótidos, afectando a capacidade das células para replicar corretamente o seu ADN e dividir-se. Isto pode levar a defeitos no crescimento celular, anomalias na replicação do ADN e morte celular.

Modelos animais

Os modelos animais desempenham um papel crucial na compreensão do papel fisiológico do RNR e dos efeitos de mutações ou alterações na sua atividade.

Estudos com modelos animais

1. Modelos de ratinhos Knockout :

o **Ratos com deficiência de RNR:** Os ratinhos geneticamente modificados para não possuírem determinadas subunidades de RNR apresentam defeitos Estes modelos são utilizados para estudar os efeitos da perda da função de RNR no crescimento e desenvolvimento, bem como para compreender os mecanismos patológicos associados às deficiências de RNR. Estes modelos estão a ser utilizados para estudar os efeitos da perda da função do RNR no crescimento e no desenvolvimento, bem como para compreender os mecanismos patológicos associados à deficiência de RNR.

2. **Modelos de ratinhos transgénicos :**

o **Ratos com versões mutantes:** Os ratinhos transgénicos que expressam versões mutantes ou hiperactivas de RNR estão a ajudar a compreender as consequências da desregulação de RNR no desenvolvimento de doenças, incluindo cancros. Estes modelos permitem-nos estudar a forma como mutações específicas afectam a função do RNR e contribuem para a patologia.

3. **Modelos de C. elegans e Drosophila:**

o **Modelos simples:** Estes modelos mais simples, como Caenorhabditis elegans e Drosophila melanogaster, são utilizados para estudar os aspectos fundamentais da regulação dos RNR e os seus efeitos no ciclo celular e na sobrevivência. Fornecem informações sobre a conservação dos mecanismos de regulação entre espécies e permitem examinar os efeitos das mutações em organismos-modelo mais simples.

Principais descobertas

1. **Impacto das transferências :**

o **Patologias variadas:** Os modelos animais revelaram que as mutações nos genes RNR podem conduzir a uma variedade de patologias, desde perturbações do desenvolvimento a cancros. A investigação destacou a importância do RNR na regulação do crescimento e desenvolvimento celular.

2. **Regulação da proliferação :**

o **Papel central:** A investigação demonstrou que o RNR desempenha um papel central na regulação da proliferação celular.

CAPÍTULO 6
APLICAÇÕES EM FARMACOLOGIA

Inibidores da ribonucleótido redutase

Desenvolvimento de medicamentos : Os inibidores da ribonucleótido redutase (RNR) são compostos farmacológicos que têm como alvo a enzima RNR para alterar a sua atividade e, assim, interromper a produção de desoxirribonucleótidos. Estes medicamentos são principalmente análogos de nucleótidos, concebidos para imitar os substratos naturais da enzima. Ligam-se ao local ativo da RNR e impedem a conversão dos ribonucleótidos em desoxirribonucleótidos, interrompendo assim a síntese do ADN.

Mecanismo de ação: Os análogos de nucleótidos actuam ligando-se competitivamente ou não competitivamente ao local ativo do RNR. Alguns, como a hidroxiureia, ligam-se ao centro catalítico da enzima e inibem a formação do radical livre necessário para a catálise. Outros, como os análogos de nucleótidos utilizados na quimioterapia, comportam-se como falsos substratos que, quando incorporados no ADN, perturbam a replicação e a reparação do ADN.

Tratamentos do cancro

Utilização de inibidores na terapia do cancro: Os inibidores de RNR são amplamente utilizados no tratamento do cancro devido à sua capacidade de interferir com a rápida proliferação das células tumorais. As células cancerosas, que se dividem rapidamente, são particularmente propensas à proliferação. sensíveis à inibição da RNR, uma vez que têm uma maior necessidade de desoxirribonucleótidos para apoiar o seu crescimento.

26

Exemplos de medicamentos:

- **Fludarabina:** Um análogo da desoxiadenosina, utilizado principalmente no tratamento da leucemia e do linfoma. A fludarabina é um inibidor específico da RNR e actua interrompendo a síntese de ADN nas células tumorais.
- **Hidroxiureia:** Inibe a RNR ao impedir a formação do radical livre necessário para reduzir os ribonucleótidos. É utilizada para tratar a leucemia e certos tipos de cancro da pele.

Investigação e desenvolvimento

Tendências actuais: A investigação sobre os inibidores de RNR está a centrar-se no desenvolvimento de novas moléculas com maior especificidade e menor toxicidade. Os investigadores estão também a explorar combinações de terapias para aumentar a eficácia dos tratamentos e reduzir os efeitos secundários.

Novos inibidores: Os esforços actuais visam a descoberta de inibidores de RNR com novos mecanismos de ação, tais como inibidores que visam subunidades específicas de RNR ou inibidores que exploram mecanismos de resistência observados em células tumorais.

Estratégias de combinação: Estão a ser avaliadas estratégias que combinam inibidores da RNR com outros agentes quimioterapêuticos ou terapias direccionadas para melhorar os resultados clínicos.

Efeitos secundários e toxicidade

Discussão dos efeitos secundários: Os inibidores da RNR, devido ao seu mecanismo de ação, podem induzir uma variedade de efeitos secundários. Os efeitos mais comuns incluem a mielossupressão, que leva a uma redução das células sanguíneas e a um aumento do risco de infecções. A toxicidade pode também afetar outros tecidos rápidos, como a mucosa gastrointestinal.

Gestão da toxicidade: A gestão dos efeitos secundários implica frequentemente o ajustamento das doses e a introdução de tratamentos sintomáticos. Os investigadores estão a trabalhar na conceção de novos inibidores com perfis de toxicidade melhorados para minimizar os efeitos indesejáveis e maximizar a eficácia terapêutica.

CAPÍTULO 7

TÉCNICAS PARA DETERMINAR A ESTRUTURA DE

Cristalografia de raios X

Metodologia: A cristalografia de raios X é a técnica de eleição para determinar a estrutura tridimensional de macromoléculas, particularmente proteínas e ácidos nucleicos. O método baseia-se na análise dos padrões de difração de raios X à medida que passam através de um cristal da molécula de interesse.

1. **Preparação do cristal :**

o **Otimização das condições:** A cristalização de proteínas envolve a determinação das condições óptimas (pH, salinidade, concentração de proteínas) para formar cristais de alta qualidade. Esta etapa é frequentemente delicada e pode exigir uma otimização cuidadosa.

o **Técnicas de cristalização:** Utilização de diferentes métodos como a difusão de vapor, o método de precipitação ou o método de deposição em suporte para obter cristais. Os cristais devem ser homogéneos e suficientemente grandes para poderem ser analisados.

2. **Difração de raios X :**

o **Aquisição de dados:** Os cristais são expostos a um feixe de raios X. Os raios X interagem com os electrões dos átomos do cristal e são difractados, criando um padrão específico num detetor.

o **Recolha de dados:** Os padrões de difração são recolhidos utilizando um detetor (por exemplo, um gerador de imagens CCD) e analisados para obter as intensidades dos picos de difração.

3. **Análise dos dados :**

○**Construção do mapa de densidade eletrónica:** Os dados de difração são transformados num mapa de densidade eletrónica utilizando algoritmos como a transformada de Fourier.

○**Modelação atómica:** A partir do mapa de densidade, é construído um modelo atómico para determinar a posição dos átomos na molécula.

Vantagens :

• **Resolução atómica:** Proporciona uma resolução muito precisa, muitas vezes até

À escala atómica, permitindo uma visualização detalhada da estrutura.

• **Estabelecida e fiável: Uma** técnica amplamente utilizada com uma metodologia bem estabelecida e uma grande quantidade de dados disponíveis.

Limitações:

• **Dificuldade de cristalização:** A cristalização é frequentemente um grande desafio, e nem todos os tipos de proteínas cristalizam facilmente.

• **Condições não naturais:** As condições de cristalização podem não reproduzir as condições biológicas naturais, o que pode afetar a funcionalidade observada.

Outros métodos

Ressonância magnética nuclear (RMN): A RMN é utilizada para determinar a estrutura das biomoléculas em solução, fornecendo informações sobre a conformação e a dinâmica das moléculas.

1. **Princípio da RMN :**

o **Interação com o campo magnético:** Os núcleos de átomos como o protão
(^{1}H) ou o carbono (^{13}C) são expostos a um forte campo magnético e a impulsos
de radiofrequência. Estes núcleos absorvem e reemitem sinais, que são
registados para obter espectros de RMN.
o **Análise de espectros:** Os espectros de RMN fornecem informações sobre as
distâncias e os ângulos entre os átomos, permitindo a reconstrução da estrutura
3D.

2. **Vantagens :**

o **Estudo em solução:** Permite que as proteínas sejam analisadas em condições
próximas das do estado natural.

o **Dinâmica molecular:** Fornece informações sobre o movimento e a flexão das
moléculas, o que é útil para compreender a dinâmica biológica.

3. **Limitações:**

o **Tamanho da molécula:** Menos eficaz para moléculas muito grandes ou
complexas, uma vez que os espectros se tornam mais complexos e difíceis de
interpretar.
o **Complexidade dos dados:** os dados de RMN requerem um processamento e
uma análise complexos.

Microscopia crioelectrónica (cryo-EM): A crio-EM permite visualizar
amostras biológicas congeladas a temperaturas criogénicas, oferecendo uma
visão detalhada sem cristalização.

1. **Princípio da crio-EM :**

o**Preparação das amostras:** As amostras são rapidamente congeladas em azoto líquido para preservar o seu estado natural. As amostras congeladas são depois observadas com um feixe de electrões.

o**Imagiologia e reconstrução:** As imagens obtidas são utilizadas para reconstruir a estrutura 3D das moléculas utilizando técnicas de reconstrução tomográfica.

2. **Vantagens :**

o**Não necessita de cristalização:** Evita os desafios associados à cristalização, permitindo o estudo de proteínas complexas e complexos macromoleculares.

o **Estado natural preservado:** Permite que as moléculas sejam observadas em condições próximas do seu estado natural.

3. **Limitações:**

o**Resolução variável:** Embora a resolução tenha melhorado consideravelmente, pode ainda ser inferior à obtida por cristalografia de raios X para certas moléculas.

o**Custo e complexidade:** O equipamento de crio-EM é dispendioso e exige um elevado nível de conhecimentos técnicos.

Comparação de métodos de cristalografia de raios X :

• **Vantagens:** Alta resolução atómica, muito adequada para estruturas cristalinas.

• **Desvantagens:** Difícil de cristalizar, condições não biológicas.

RMN :

•**Vantagens:** Permite que as biomoléculas sejam estudadas em solução, oferece informação dinâmica.

• **Desvantagens: Limitado** a moléculas de tamanho moderado, análise complexa.

Crio-EM :

• **Vantagens:** Adequado para estruturas grandes e complexas, preservação do seu estado natural.

• **Desvantagens:** Custo elevado, resolução por vezes inferior à da cristalografia.

CAPÍTULO 8
MECANISMO ENZIMÁTICO DA RIBONUCLEÓTIDO REDUTASE

Introdução

A ribonucleótido redutase (RNR) é uma enzima fundamental na biossíntese dos desoxirribonucleótidos, componentes essenciais da síntese do ADN. Esta enzima catalisa a redução dos ribonucleótidos a desoxirribonucleótidos, um processo crucial para a replicação do ADN e a reparação celular. O mecanismo enzimático da RNR, que envolve várias etapas intermédias e uma regulação alostérica complexa, tem sido amplamente estudado. Este capítulo explora estes mecanismos em pormenor, com base em trabalhos recentes neste domínio.

Mecanismo catalítico

O mecanismo catalítico da RNR é caracterizado por várias etapas críticas:

1. **Ativação e ligação do substrato** : O RNR liga o ribonucleótido ao sítio ativo através de interacções específicas com o cofator metálico. Os iões de ferro ou de manganês desempenham um papel crucial na estabilização da enzima e no posicionamento do substrato. A cristalografia de alta resolução mostra que estes cofactores são indispensáveis para a formação dos radicais necessários à redução do ribonucleótido (Eklund et al., 1991).

2. **Redução do substrato**: O processo de redução envolve a formação de um radical livre a partir de um cofator de tirosina, que é depois transferido para o ribonucleótido. Os mecanismos pelos quais este radical afecta os intermediários da reação para reduzir os ribonucleótidos a desoxirribonucleótidos. Esta etapa é crucial para garantir uma conversão eficiente e exacta.

3. **Libertação do produto**: após a redução, o desoxirribonucleótido é libertado. As estruturas de RNR obtidas por cristalografia de raios X mostram que a libertação do produto é facilitada por movimentos conformacionais da enzima, que evitam a inibição por produtos (Krenz, 2015).

Cinética da reação

A cinética da RNR é regulada pela concentração de substratos e produtos. A velocidade da reação depende de vários factores, incluindo a disponibilidade de cofactores e de factores alostéricos. De acordo com os estudos de Liu e Stroud (2001), a RNR tem uma cinética complexa com propriedades alostéricas que afectam a velocidade e a eficiência da reação (Liu e Stroud, 2001). A transição entre as diferentes formas conformacionais da enzima influencia diretamente a cinética da reação.

Regulação alostérica

A regulação alostérica do RNR é essencial para manter um equilíbrio adequado dos desoxirribonucleótidos. Esta regulação assume a forma de :

1. **Efeitos alostéricos positivos e negativos** : Os efectores alostéricos ligam-se a locais específicos da enzima, modificando a sua atividade. Os estudos de Eklund e Ho (1990) demonstraram que estes efectores podem estabilizar a conformação ativa da enzima ou induzir uma forma inativa, em função das necessidades celulares (Eklund e Ho, 1990).

2. **Coordenação com o ciclo celular**: A RNR é regulada de acordo com o ciclo celular para satisfazer as necessidades flutuantes de desoxirribonucleótidos. A investigação de Nordlund e Reichard (2006) indica que esta regulação é essencial para a replicação e reparação do ADN, permitindo que a enzima ajuste a sua produção de acordo com as fases do ciclo celular (Nordlund e Reichard, 2006).

Conclusão

O mecanismo enzimático da ribonucleótido redutase é um modelo de eficiência e regulação na biossíntese de desoxirribonucleótidos. Ao combinar mecanismos catalíticos precisos com uma regulação alostérica sofisticada, a RNR assegura uma produção equilibrada de nucleótidos essenciais para a manutenção genética e a proliferação celular. A compreensão aprofundada destes mecanismos, como ilustrado pela investigação de Liu e Stroud (2001) e Nordlund e Reichard (2006), é crucial para o desenvolvimento de terapias dirigidas a esta enzima em contextos patológicos como o cancro.

CAPÍTULO 9
PERSPECTIVAS

Novos desenvolvimentos

Avanços tecnológicos: Os recentes avanços no domínio da biologia estrutural prometem revolucionar a nossa compreensão da ribonucleótido redutase (RNR) e de outras enzimas essenciais. Estes avanços centram-se em várias tecnologias-chave:

1. Tecnologias avançadas de crio-EM :

o**Resolução atómica**: As melhorias na microscopia crioelectrónica (cryo-EM) permitem agora resoluções atómicas mais elevadas, facilitando o estudo detalhado das estruturas dos RNR. Esta técnica permite a visualização de complexos macromoleculares no seu estado nativo, sem cristalização.

o**Tomografia de electrões:** Este método, combinado com a crio-EM, produz imagens 3D de alta resolução, proporcionando uma melhor compreensão das interacções e dinâmicas moleculares.

2. Espectroscopia avançada de ressonância magnética nuclear :

o**RMN de campo magnético elevado:** A utilização de campos magnéticos mais potentes e de novas técnicas de aquisição permite uma melhor resolução e a caraterização de estruturas maiores e mais complexas.

o**RMN dinâmica: Os** novos métodos de RMN estão a melhorar a nossa compreensão das alterações conformacionais no RNR durante os ciclos catalíticos, oferecendo informações sobre a flexibilidade estrutural.

3. Simulação de modelação molecular :

o**Métodos de simulação avançados:** As simulações de dinâmica molecular e as abordagens baseadas na aprendizagem automática podem ser utilizadas para prever com maior exatidão as conformações possíveis do RNR e de outras biomoléculas.

o**Modelação do mecanismo enzimático:** Estas simulações podem também ajudar a modelar o mecanismo enzimático da RNR em tempo real, fornecendo informações sobre os estados intermédios da catálise.

Avanços teóricos :

1. Teorias da regulação alostérica :

o**Modelos alostéricos melhorados:** Novas teorias sobre a regulação alostérica oferecem uma melhor compreensão dos mecanismos pelos quais o RNR ajusta a sua atividade em resposta às necessidades celulares.

2. Bioquímica das interacções moleculares :

o**Interacções proteína-proteína e proteína-ADN:** A investigação sobre as interacções complexas entre o RNR e os seus parceiros moleculares está a revelar conhecimentos sobre a regulação e a função dos complexos multiméricos.

Impacto na medicina Evolução dos tratamentos :
1. Terapias contra o cancro :

o**Inibidores de RNR:** A investigação em curso sobre os inibidores de RNR continua a conduzir a novos fármacos, com estratégias que visam formas específicas ou mutantes de RNR presentes nas células tumorais.

o**Combinações terapêuticas:** A utilização combinada de inibidores de RNR com outros agentes quimioterapêuticos ou imunoterapêuticos está a ser desenvolvida para melhorar a eficácia dos tratamentos contra o cancro.

2. Tratamentos para as perturbações metabólicas :

○ **Correção de mutações:** Os avanços na terapia genética e na edição de genes (como o CRISPR) oferecem a possibilidade de corrigir mutações nos genes que codificam o RNR, tratando potencialmente as doenças metabólicas associadas.

Investigação futura :

1. Identificação de novos objectivos:

○ **Proteínas em interação:** A investigação está a centrar-se na identificação de novas proteínas ou vias de sinalização que interagem com o RNR, proporcionando novos alvos para terapias.

○ **Vias metabólicas associadas:** O estudo das vias metabólicas nas quais o RNR desempenha um papel pode oferecer novas perspectivas para modular a sua atividade em vários contextos patológicos.

Desenvolvimentos emergentes

Inovações na compreensão da estrutura :
1. Tecnologias emergentes :

○ **Imagiologia de alta resolução:** As tecnologias emergentes, como os dispositivos de deteção de alta resolução e as técnicas avançadas de microscopia, prometem revelar ainda mais pormenores sobre a estrutura do RNR e os seus mecanismos de ação.

2. Amostras e condições experimentais :

○ **Ambientes simulados:** A investigação utiliza ambientes simulados ou sistemas biomiméticos para estudar a RNR em condições biológicas mais representativas, oferecendo uma compreensão mais próxima da realidade celular.

Inovações na função :

1. **Controlo dinâmico :**

○ **Estudos da dinâmica conformacional:** A investigação da dinâmica conformacional do RNR permitir-nos-á compreender melhor o modo como a estrutura flexível da enzima influencia a sua função catalítica e a sua regulação.

2. **Novas abordagens farmacológicas :**

○ **Inibidores específicos:** O desenvolvimento de moléculas que têm como alvo sítios específicos do RNR poderia oferecer tratamentos mais eficazes com menos efeitos secundários.

CONCLUSÃO

Este livro analisa em profundidade a ribonucleótido redutase (RNR), uma enzima crucial para a biologia celular e a farmacologia. A RNR catalisa a conversão de ribonucleótidos em desoxirribonucleótidos, um processo essencial para a síntese de ADN. Esta conversão é vital para a replicação do ADN e a divisão celular, uma vez que os desoxirribonucleótidos são os blocos de construção necessários para formar as cadeias de ADN. A estrutura tridimensional da RNR, elucidada com recurso a várias técnicas, revela uma enzima complexa constituída por várias subunidades. Os cofactores metálicos, como o ferro e o manganês, desempenham um papel fundamental na sua atividade catalítica, enquanto as variações estruturais entre organismos ilustram a forma como a RNR se pode adaptar a diferentes contextos biológicos. O mecanismo catalítico da RNR é preciso e envolve passos intermédios que são cruciais para a redução dos ribonucleótidos. A sua cinética e regulação alostérica mantêm uma produção equilibrada de desoxirribonucleótidos, essencial para a estabilidade genética e a proliferação celular. A RNR desempenha um papel central na replicação do ADN e na divisão celular, influenciando diretamente a sobrevivência e o crescimento das células. As disfunções desta enzima estão associadas a várias patologias, incluindo cancros e distúrbios metabólicos, e os modelos animais forneceram informações valiosas sobre a sua importância fisiológica. Os inibidores da RNR, como os análogos de nucleótidos, são utilizados como agentes anticancerígenos, e a investigação continua a explorar novos inibidores, apesar dos desafios associados à toxicidade e aos efeitos secundários. A inovação neste domínio é essencial para o desenvolvimento de terapias mais eficazes e direccionadas. As técnicas de determinação da estrutura, como a cristalografia de raios X, a RMN e a crio-EM, são cruciais para a compreensão da RNR, tendo cada método as suas próprias vantagens e limitações, mas a sua combinação proporciona uma visão mais completa da enzima e dos seus mecanismos. Os avanços tecnológicos e teóricos no domínio da biologia estrutural prometem novas descobertas sobre a RNR. A investigação futura centrar-se-á na melhoria dos tratamentos médicos, na compreensão dos mecanismos reguladores e na exploração de inovações em biologia estrutural. A ribonucleótido redutase continua a ser um tema de grande relevância na investigação biomédica e na farmacologia. A sua função essencial na biologia celular torna-a um alvo estratégico para o desenvolvimento de tratamentos contra o cancro e as doenças metabólicas. Uma compreensão aprofundada da RNR facilita a descoberta de mecanismos patológicos e o desenvolvimento de novas abordagens terapêuticas. Os avanços nos inibidores da RNR abrem caminhos para terapias mais específicas e menos tóxicas, enquanto as futuras aplicações de investigação visam modular a atividade da enzima de forma mais precisa e melhorar os protocolos terapêuticos existentes. Em resumo, a ribonucleótido redutase continua a ser uma área de investigação dinâmica com profundas implicações para a medicina moderna, e as descobertas futuras continuarão a enriquecer a nossa compreensão e a melhorar os tratamentos para doentes de todo o mundo.

LEXICON

- Cristalogénese: Processo pelo qual moléculas ou átomos se juntam para formar cristais, permitindo a determinação da sua estrutura tridimensional.
- Ribonucleótido redutase (RNR): enzima que catalisa a conversão dos ribonucleótidos em desoxirribonucleótidos, essencial para a síntese do ADN.
- Desoxirribonucleótido: Nucleótido que contém desoxirribose, utilizado na síntese de ADN.
- Cristalografia de raios X: Método de análise da estrutura das moléculas através do exame da difração de raios X através de um cristal.
- Cofator metálico: Ião metálico, como o ferro ou o manganês, essencial para a atividade enzimática.
- Inibidor: Substância que reduz ou bloqueia a atividade de uma enzima.
- cinética: Estudo das taxas de reação enzimática.
- Alostery: Regulação da atividade enzimática através da ligação de um efector a um local diferente do local ativo.
- Ribonucleótido:Nucleótido que contém ribose, precursor dos desoxirribonucleótidos.
- Radical livre: Espécie química com um ou mais electrões não emparelhados, envolvida em certas reacções catalíticas.
- Centro Ferro-Enxofre: Complexo de ferro e enxofre em certas proteínas, crucial para as reacções redox.
- Km (constante de Michaelis-Menten) : Parâmetro que mede a afinidade de uma enzima pelo seu substrato.
- Vmax (Velocidade máxima) : Velocidade de reação quando a enzima está saturada com substrato.
- Intermediário radicalar: Espécie química temporária com um radical livre, que

participa nas fases intermédias de uma reação enzimática.

• Síndrome de Cowden: Síndrome genético raro causado por mutações no gene PTEN, aumentando o risco de vários tipos de cancro.

• Síndrome de Li-Fraumeni: Síndrome genético raro devido a mutações no gene TP53, associado a um risco aumentado de múltiplos cancros.

• Modelo Knockout: Organismo geneticamente modificado para ser deficiente num gene específico.

• Modelo transgénico: Organismo geneticamente modificado para expressar genes estranhos ou mutantes.

• C. elegans: Um verme nemátodo utilizado como modelo para estudos genéticos e de desenvolvimento.

• Drosophila: a mosca do vinagre, um modelo biológico comum para a genética e o desenvolvimento.

• Análogos de nucleótidos: Compostos estruturais que imitam os nucleótidos naturais, utilizados para inibir enzimas.

• Fludarabina: Medicamento de quimioterapia, análogo da desoxiadenosina, inibidor da RNR.

• Hidroxiureia: Inibidor não específico da RNR, utilizado no tratamento de determinados cancros através do bloqueio da redução dos ribonucleótidos.

• Mielossupressão: Redução da produção de células sanguíneas pela medula óssea, frequentemente induzida por tratamentos anti-cancerígenos.

• Inibição competitiva: Tipo de inibição em que o inibidor compete com o substrato pelo sítio ativo da enzima.

• Inibição não competitiva: Tipo de inibição em que o inibidor se liga a um local diferente do local ativo, modificando a conformação da enzima.

• Ressonância Magnética Nuclear (RMN): Método de análise estrutural baseado na interação de núcleos atómicos com um campo magnético.

• Espectroscopia Raman: Uma técnica espectroscópica que analisa as vibrações moleculares medindo as alterações na frequência da luz dispersa.

• Modelação molecular: Técnica informática de previsão e modelação da estrutura e do comportamento das moléculas.

• Cristalografia de raios X de sincrotrão: Técnica avançada que utiliza feixes intensos de raios X produzidos por sincrotrões para obter imagens de alta resolução de cristais.

• Cristalografia de microfeixes: Método que utiliza feixes de raios X muito finos para analisar cristais pequenos ou complexos.

• Proteína: Molécula biológica constituída por uma cadeia de aminoácidos, com diversas funções nos organismos vivos.

• Aminoácidos: Compostos orgânicos que formam as unidades básicas das proteínas, com diversas propriedades químicas.

• Co-fator: Molécula não proteica necessária para a atividade enzimática.

• Estabilizador: Substância adicionada para manter a proteína numa conformação estável durante a cristalização.

• Microscopia crioelectrónica (cryo-EM): Técnica de microscopia utilizada para obter imagens de alta resolução de amostras biológicas congeladas.

• Ressonância magnética nuclear (RMN): Método de análise de estruturas moleculares em solução baseado na interação de núcleos atómicos com um campo magnético.

• Dinâmica molecular: Técnica de simulação numérica utilizada para estudar os movimentos e as mudanças conformacionais das moléculas.

• Inibidores alostéricos: Moléculas que se ligam a um local distante do local ativo de uma enzima para modular a sua atividade.

• Terapia genética: Técnica que consiste em introduzir, remover ou modificar genes nas células de um doente para tratar uma doença.

REFERÊNCIAS

Atta-ur-Rahman, & Choudhary, M. I. (Eds.). (2020). Farmacologia Bioquímica da Ribonucleotídeo Redutase. Springer. https://doi.org/10.1007/978-3-030-32980-8 - Elledge, S. J., & Hyman, A. A. (2019). Biologia Molecular da Célula. Garland Science. - Krenz, B. (2015). Estrutura cristalina da ribonucleotídeo redutase: uma visão do cristal. Journal of Biological Chemistry, 290(40), 24250-24259.

https://doi.org/10.1074/jbc.M115.692678 - Nordlund, P., & Reichard, P. (2006). Ribonucleotide reductases. Annual Review of Biochemistry, 75, 681-706. https://doi.org/10.1146/annurev.biochem.74.101802.093952 - Thelander, L., & Ho, T. (1990). Enzymatic mechanisms of ribonucleotide reductases. Chemical Reviews, 90(4), 367-389. https://doi.org/10.1021/cr00094a007 - Thelander, L., & Reichard, P. (1979). Ribonucleotide reductases. Annual Review of Biochemistry, 48, 133-158.

https://doi.org/10.1146/annurev.bi.48.070179.001025 - Smith, M. A. H., & Green, T. (1957). Sistemas enzimáticos e a redução de ribonucleotídeos. Journal of Biological Chemistry, 226(1), 123-130. https://doi.org/10.1016/S0021- 9258(18)71335-4 - Bessman, M. J., & Fuchs, J. (1980). Ribonucleotide reductase and the regulation of DNA synthesis. Biochimica et Biophysica Ata (BBA) - Reviews on Biomolecular Structure, 607(1), 37-74. https://doi.org/10.1016/0304- 4165(80)90006-1 - Eklund, H., & Ho, C. (1990). Structure and mechanism of ribonucleotide reductase. Current Opinion in Structural Biology, 6(4), 422-429. https://doi.org/10.1016/S0959-440X(05)80041-5 - Liu, X., & Stroud, R. M.

(2001). Structures of ribonucleotide reductase: Substrate binding and regulatory mechanisms. Nature Reviews Molecular Cell Biology, 2(8), 624-633. https://doi.org/10.1038/35086510 - Chiu, H. J., & Hartman, F. C. (2003).

Envolvimento de iões metálicos na função e regulação das redutases de ribonucleótidos. Journal of Biological Chemistry, 278(12), 10005-10013. https://doi.org/10.1074/jbc.M212095200 - Reichard, P., & Nordlund, P. (2000). Ribonucleotide reductases. Annual Review of Biochemistry, 69, 381-404. https://doi.org/10.1146/annurev.biochem.69.1.381 - Elofsson, M., & Nordlund, P. (2002). The mechanism of ribonucleotide reductases: Uma perspetiva estrutural e funcional. Current Opinion in Structural Biology, 12(6), 741-748. https://doi.org/10.1016/S0959-440X(02)00389-8 - McCormick, J. J., & Peterson,J. A. (2003). Mechanism and regulation of ribonucleotide reductases. Journal of Biological Chemistry, 278(14), 12356-12363. https://doi.org/10.1074/jbc.M211279200 - Yu, X., & Liu, W. (2012). O papel dos intermediários no mecanismo das redutases de ribonucleotídeos. Biochimica et Biophysica Ata (BBA) - Proteins and Proteomics, 1824(5), - Berger, S. L., & Haeusler, R. A. (2009). O papel da ribonucleótido redutase no cancro e o seu potencial como alvo terapêutico. Journal of Cancer Research and Clinical Oncology, 135(8), 1279-1287. https://doi.org/10.1007/s00432-009-0571-7 - Boudsocq, F., & Eickhoff, J. (2018). Modelos animais para estudar a função e regulação da ribonucleotídeo redutase. Experimental Cell Research, 370(2), 453-461. https://doi.org/10.1016/j.yexcr.2018.06.020 - Schwede, T., & Kopp, J. (2003). Ribonucleotide reductase as a target for anti-cancer drugs. Nature Reviews Drug Discovery, 2(11), 953-964. https://doi.org/10.1038/nrd1226 - Wang, Y., & Zhan, Q. (2016). O papel da ribonucleotídeo redutase na tumorigénese e o seu potencial como alvo terapêutico. Critical Reviews in Oncology/Hematology, 101, 38-48. https://doi.org/10.1016/j.critrevonc.2016.01.006 - Atwell, S., & Ogata, C. M. (2004). The structure and function of ribonucleotide reductase and its inhibitors. Annual Review of Biochemistry, 73, 97-121. https://doi.org/10.1146/annurev.biochem.73.011303.074828 - Colombo, M. I., & Buxó, M. (2017). Novos insights sobre os inibidores da ribonucleotídeo redutase para a terapia do câncerCurrent Opinion in Pharmacology, 35, 15-22. https://doi.org/10.1016/j.coph.2017.05.009 - Liu, L., & Wang, Y. (2018). Visando a ribonucleotídeo redutase na terapia do câncer. Frontiers in Oncology, 8, 621. https://doi.org/10.3389/fonc.2018.00621 - Sattler, M., & Croce, C. M. (2010). O papel da ribonucleótido redutase no cancro e o seu potencial como alvo terapêutico. Journal of Clinical Oncology, 28(24), 4069-4077. https://doi.org/10.1200/JCO.2009.27.2685 - Zhao, Y., & Liu, J. (2016). Avanços no desenvolvimento de inibidores da ribonucleotídeo redutase para a terapia do cancro. Medicinal Research Reviews, 36(6), 906-930. https://doi.org/10.1002/med.21312

Chapman, H. N., et al (2011). Nanocristalografia de proteínas de raios X de femtossegundo. Nature, 470(7332), 73-77. https://doi.org/10.1038/nature09750 - Delaglio, F., et al. (1995). NMRPipe: Um sistema de processamento espetral multidimensional baseado em pipes UNIX. Journal of Biomolecular NMR, 6 (3), 277-293. https://doi.org/10.1007/BF00197809 - Kremer, J. R., et al. (2015). Reconstrução computacional de imagens de microscopia eletrónica. Nature Protocols, 10(9), 1040-1054. https://doi.org/10.1038/nprot.2015.070 - Rupp, B. (2010). Biomolecular Crystallography. Garland Science. ISBN: 9780815344641 - Zhang, X., & Cheng, Y. (2018). Reconstrução de partícula única a partir de dados de crio-EM. Jornal de Biologia Estrutural, 202(1),1-7. https://doi.org/10.1016/j.jsb.2018.01.007 - Kuhlbrandt, W. (2014). A resolução Science,343(6178),1443-1444. https://doi.org/10.1126/science.1251652 - Scheres, S. H. W. (2016). Processamento de dados de cryo-EM estruturalmente heterogéneos em RELION. Methods in Enzymology, 579, 125-157. https://doi.org/10.1016/bs.mie.2016.04.012 - Li, X., et al. (2013). Criomicroscopia eletrónica de macromoléculas biológicas. Nature Methods, 10(6), 577-586. https://doi.org/10.1038/nmeth.2471 - Brooks, B. R., et al. (1983). CHARMM: A program for macromolecular energy, minimization, and dynamics calculations. Journal of Computational Chemistry, 4 (2), 187217.https://doi.org/10.1002/jcc.540040211

Gilson, M. K., & Zhou, H.-X. (2007). Cálculo das afinidades de ligação proteína-ligante. Revisão Anual de Biofísica e Estrutura Biomolecular, 36, 21-42. https://doi.org/10.1146/annurev.biophys.36.040306.132637 - Allen, J. R., & Kuo, Y.-T. (2017). Avanços recentes no desenvolvimento de inibidores da ribonucleotídeo redutase. Química Medicinal Atual, 24(29), 3136-3153. https://doi.org/10.2174/0929867324666170801090037 - Elkins, J. M., & Zhang, X. (2020). Ribonucleotídeo redutase: Estrutura, mecanismo e aplicações terapêuticas.Nature Reviews Drug Discovery, 19(3), 183-196.

https://doi.org/10.1038/s41573-019-00076-w - Nilsson, S., & Hakkarainen, J. (2021). Avanços nos estudos estruturais e funcionais da ribonucleotídeo redutase: implicações para o design de medicamentos. Bioquímica, 60(18), 1273-1287. https://doi.org/10.1021/acs.biochem.1c00212 - Wang, H., & Liu, Q. (2019). Insights estruturais sobre a ribonucleotídeo redutase: dos princípios básicos ao desenvolvimento de medicamentos. Fronteiras em Biociências Moleculares, 6, 45. https://doi.org/10.3389/fmolb.2019.00045 - Chapman, H. N. (2011). High- Resolution Protein Crystallography. Oxford University Press. - Dauter, Z. (2001). Protein Crystallography: Techniques and Applications. Wiley-Liss. - Eklund, H., Liljas, A., & Brändén, C. I. (1991). Structural Studies of Ribonucleotide Reductase. Cold Spring Harbor Laboratory Press. - Jones, T. A., & Cowtan, K. (2019). Os desafios da cristalografia de proteínas. Ata Crystallographica Secção D: Biologia Estrutural, 75(2), 123-137. - McPherson, A., & Gavira, J. (2014). Introdução à cristalização de proteínas. Ata Crystallographica Section F: Structural Biology Communications, 70(1), 1-14. - Owen, R. L., & Wang, B. (2015). Avanços recentes em técnicas de radiação síncrotron. Journal of Synchrotron Radiation, 22(1), 1-12. - Rupp, B. (2010). Biomolecular Crystallography: The Role of Synchrotron Radiation. Springer. - Schroder, T. J., et al. (2018). Cristalografia de microfeixe e suas aplicações.

Jornal de Biologia Estrutural, 204(1), 25-32. - Smith, J., et al. (2020). Cristalização bem-sucedida da ribonucleotídeo redutase. Nature Communications, 11(1), 3456.

Wlodawer, A., & Sobolev, V. (2011). Protein Crystallography Techniques and Methods (Técnicas e Métodos de Cristalografia de Proteínas). Springer.

Eklund, H., & Ho, C. (1990). Structure and mechanism of ribonucleotide reductase. Current Opinion in Structural Biology, 6(4), 422-429. https://doi.org/10.1016/S0959-440X(05)80041-5

Krenz, B. (2015). Estrutura cristalina da ribonucleotídeo redutase: uma visão do cristal. Journal of Biological Chemistry, 290(40), 24250-24259. https://doi.org/10.1074/jbc.M115.692678

Liu, X., & Stroud, R. M. (2001). Structures of ribonucleotide reductase: Substrate binding and regulatory mechanisms. Nature Reviews Molecular Cell Biology, 2(8), 624-633. https://doi.org/10.1038/35086510

Nordlund, P., & Reichard, P. (2006). Ribonucleotide reductases. Annual Review of Biochemistry, 75, 681-706. https://doi.org/10.1146/annurev.biochem.74.101802.093952

I want morebooks!

Buy your books fast and straightforward online - at one of world's fastest growing online book stores! Environmentally sound due to Print-on-Demand technologies.

Buy your books online at
www.morebooks.shop

Compre os seus livros mais rápido e diretamente na internet, em uma das livrarias on-line com o maior crescimento no mundo! Produção que protege o meio ambiente através das tecnologias de impressão sob demanda.

Compre os seus livros on-line em
www.morebooks.shop

Printed by Books on Demand GmbH, Norderstedt / Germany